# 中国火箭

## 搭建空间站

宋海东 著 / 绘

童趣出版有限公司编　　人民邮电出版社出版

北　京

图书在版编目（CIP）数据

中国火箭. 搭建空间站 / 宋海东著、绘 ; 童趣出版
有限公司编. -- 北京 : 人民邮电出版社, 2023.4
　　ISBN 978-7-115-60782-9

　　Ⅰ. ①中… Ⅱ. ①宋… ②童… Ⅲ. ①航天站－中国
－少儿读物 Ⅳ. ①V4-49

中国国家版本馆CIP数据核字(2023)第007799号

著 / 绘：宋海东
责任编辑：边二华
责任印制：李晓敏
封面设计：韩　旭
排版制作：北京汉魂图文设计有限公司

编　　　　：童趣出版有限公司
出　　版：人民邮电出版社
地　　址：北京市丰台区成寿寺路 11 号邮电出版大厦（100164）
网　　址：www.childrenfun.com.cn

读者热线：010-81054177　　　　经销电话：010-81054120

印　　刷：北京尚唐印刷包装有限公司
开　　本：710×1000 1/16
印　　张：3.25
字　　数：45 千字

版　　次：2023 年 4 月第 1 版　2023 年 4 月第 1 次印刷
书　　号：ISBN 978-7-115-60782-9
定　　价：25.00 元

这是属于 ——————— 小朋友的火箭书。

"火箭火箭，你能把卫星送上天，能让我也实现飞天的梦想吗？"

2

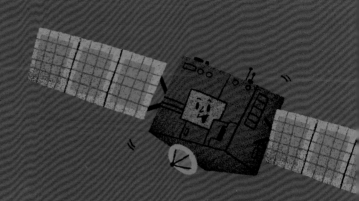

"哦，载人航天，最大的难题是上得去、待得住，还要回得来才行！"

"对呀对呀，还是先用卫星试试吧！"

火箭发射返回式卫星进入太空。

完成任务后，在空中
点燃返回舱上的小型火箭，
借助推力踏上归途。

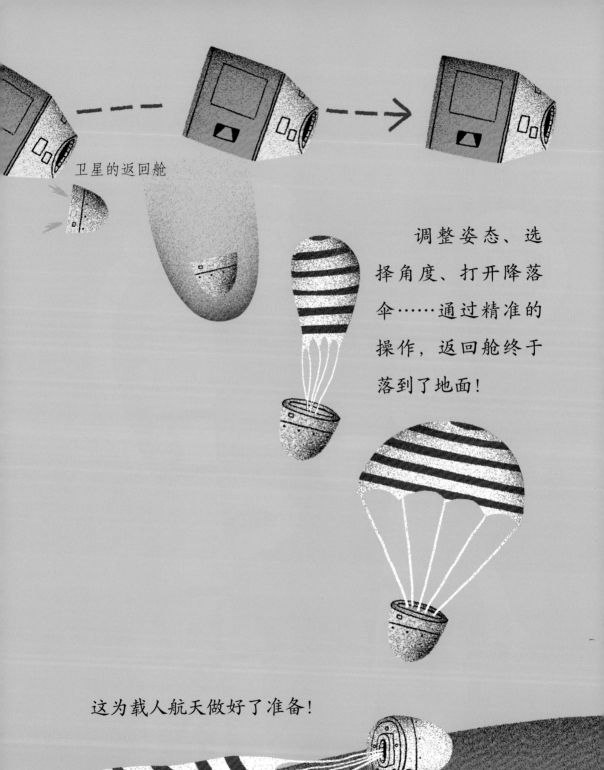

卫星的返回舱

调整姿态、选择角度、打开降落伞……通过精准的操作,返回舱终于落到了地面!

这为载人航天做好了准备!

"我是长征二号系列火箭，我已有发射返回式卫星的经验，接下来的载人航天任务，就交给我吧！"

"等一等，为了确保安全，我再加顶'帽子'！"

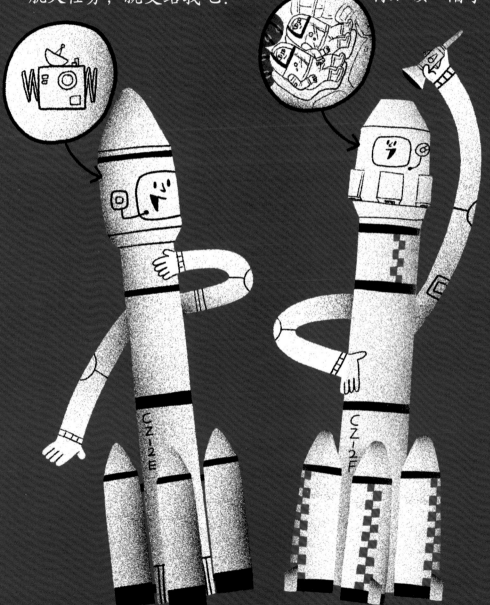

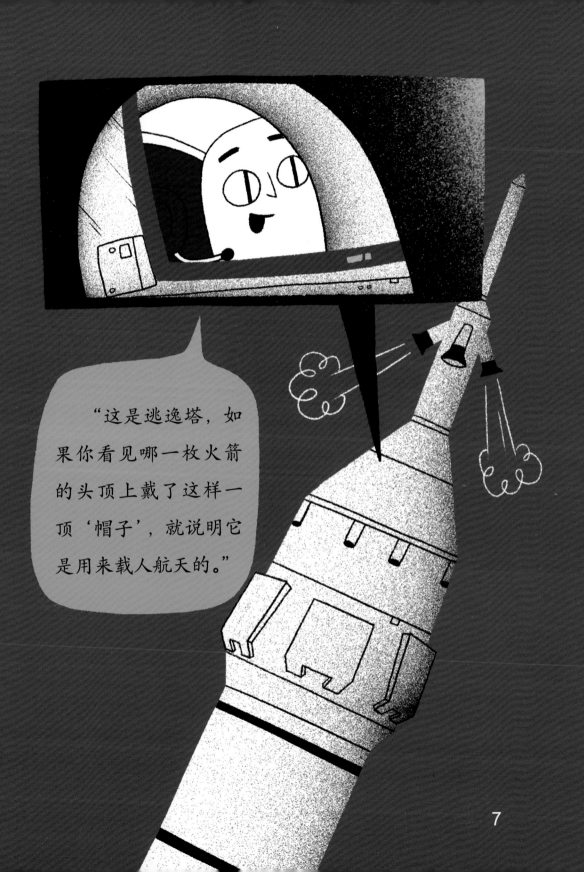

"这是逃逸塔，如果你看见哪一枚火箭的头顶上戴了这样一顶'帽子'，就说明它是用来载人航天的。"

如果在火箭起飞初期发生危险，逃逸塔可以带着整流罩内的航天员和神舟飞船，快速逃离火箭主体，安全降落。

格栅翼打开，
用来控制平衡。

逃逸塔是载人火箭的
标志，希望它永不启用。

火箭在做准备，航天员
也要做好准备。

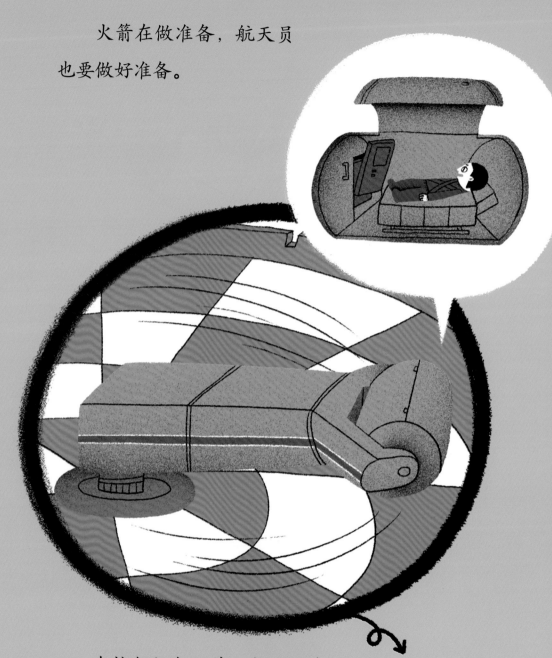

在执行任务之前，航天员在
地面要接受一系列的特殊训练。

载人离心机训练

10

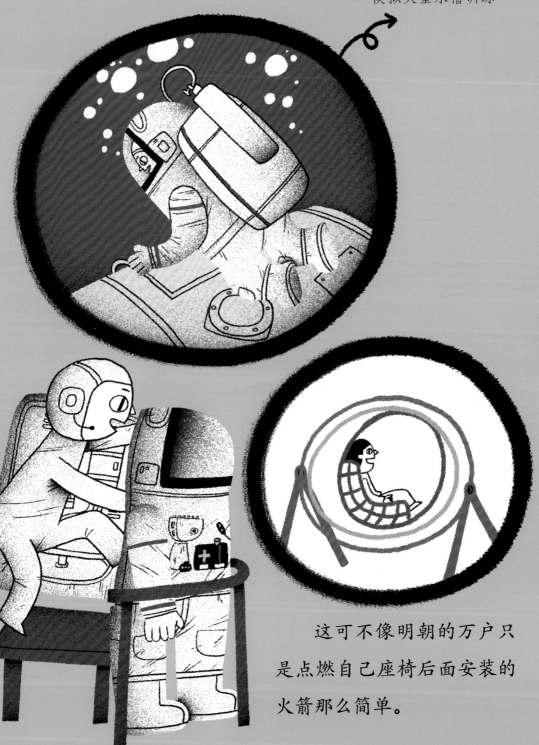

模拟失重水槽训练

这可不像明朝的万户只是点燃自己座椅后面安装的火箭那么简单。

训练野外生存能力和待在密闭狭小的
黑屋里静坐，与载人航天有什么关系呢？

别急，在后面你就能找到答案。

这一天，作为航
天员的我，要正式搭
乘火箭升空了。我的
心情异常激动！

14

　　我和我的同伴，走进脐带塔，登上电梯直达顶端。

　　耸立在眼前的是将近 20 层楼那么高的长征二号 F 运载火箭，它将要带我们开启这趟太空之旅。

　　我们穿着厚重的太空服钻进整流罩中的神舟飞船，地面人员帮我们从外面关好密闭的舱门。

　　这一刻，我们像即将获得新生的太空婴儿，期待看到宇宙的壮丽景象。

火箭升空了！

如果没有发生危险，在火箭起飞一段时间后，逃逸塔会自动分离脱落。

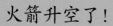

我们度过了
起飞的危险期，
接下来火箭将在
几十秒内快速提
升速度。这将给
我们带来极大的
压力，相当于五
个人从前方压向
我们。

这种坐姿正确

我们必须平躺着，
让胸口来承担这巨大的
压力。千万不能坐直身
子，那样脊柱会被压碎。

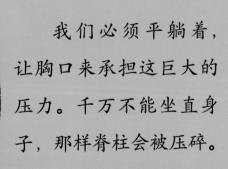

这种坐姿错误

助推器分离，一级火箭关机、分离，
二级火箭点火……

我们的速度越来越
快，直到剧烈的颠簸和嘈
杂的声音忽然消失。

神舟飞船与火箭分离，整流罩打开。

周围出奇安静，我们的身体轻松地飘浮起来。

神舟飞船展开太阳能电池帆板，进入环绕地球飞行轨道。我们是时候从狭小的返回舱钻进较为宽松的轨道舱了。

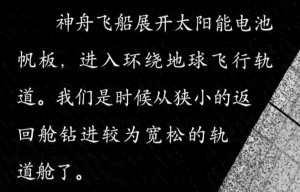

返回舱
（在升空和返回时航天员乘坐的舱段）

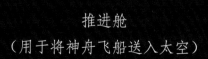

推进舱
（用于将神舟飞船送入太空）

"看，那就是我们的
地球！它是多么美丽啊！"

轨道舱
（航天员在太空中生活
和工作的舱段）

来体验一下在太空里的生活吧。

由于处于失重状态，在这里任何东西都可以悬浮着。睡觉要钻进捆绑好的睡袋里，不然醒来自己都不知道会飘到哪里。在太空里有许多的实验要做，比如培育新的植物种子等。

舱外航天服

出舱的体验太棒了！太空漫步的感觉真好。有趣的是航天员也需要一根"脐带"与神舟飞船相连。

轨道舱继续留在太空

返回舱返回地面

推进舱坠入地球
大气层烧毁

　　我们要返回地球了。就像返回式
卫星那样，最终只有返回舱分离出
来，它点燃小型火箭，调整姿态、选
择角度，然后坠入地球大气层。

我们紧紧地缩在返回
舱里面，外面燃起因快速
摩擦产生的高温烈火。

猜猜我们为什么背坐着返回地面？

你知道在我们周围，这些红色的东西是
干什么用的吗？

那些红色的东西是急救包。如果我们坠落到大海或无人区，我们会将周围染成红色，并尽快发射信号，快速通知搜救队员前来营救。

现在你肯定明白，为什么我们之前要进行野外生存训练和待在密闭狭小的黑屋里静坐了吧。

顺利返航！茫茫太空之中，留下了中国人的足迹。

从此，人们对于太空探索的热情越来越高，开始为一件大事而做准备。

为了这件大事，火箭家族添加了新的成员，它是膀大腰圆的长征五号火箭，大家都亲切地称它为"胖五"。

"胖五"一次能将质量相当于 12 辆小轿车的物件送上近地轨道。

　　现在，为了这件大事，它又做了一番大改进——缩减二级火箭，在整流罩里腾出了一个史无前例的"大号包厢"!

　　这"包厢"是专门为这件大事准备的。

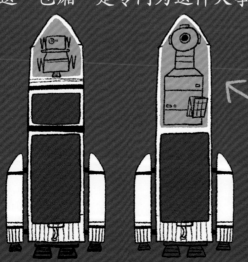

火车运输的火箭直径
不能超过3.5米

中国航天

32

这个"大号包厢"里装的东西不但长，而且宽。还记得我们之前提到过的，因为火车要钻山洞隧道，火箭粗细受到了限制。

而这一回，"胖五"挺着超宽的身体直接坐上了轮船，它要去海岸基地发射。

"胖五"直径为 5 米，坐船不受限制

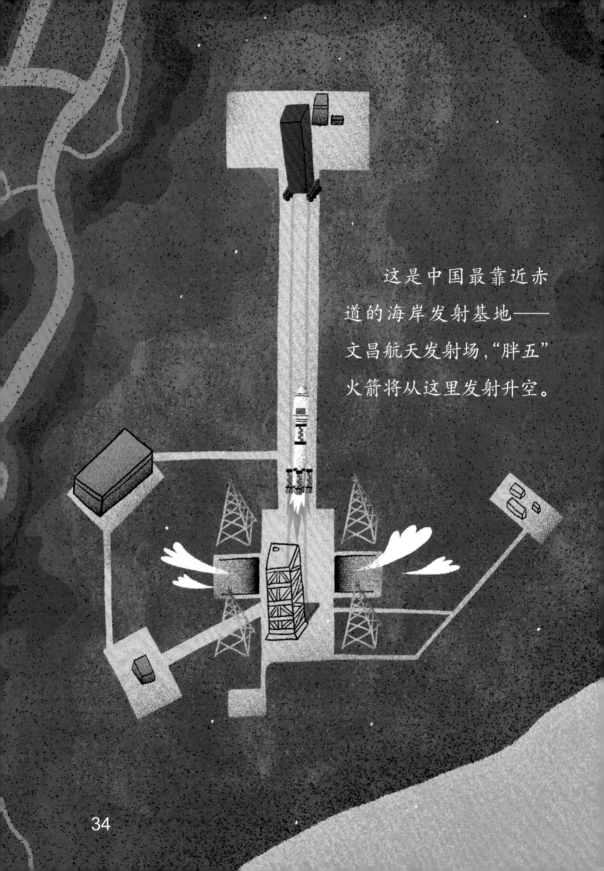

这是中国最靠近赤道的海岸发射基地——文昌航天发射场,"胖五"火箭将从这里发射升空。

赤道是地球最中部的区域。由于地球是绕着连接南极和北极的地轴自转的，所以在赤道附近，地球自转带来的相对速度较大。这好比一个旋转的陀螺，在直径最大的中部甩出去的速度最快。

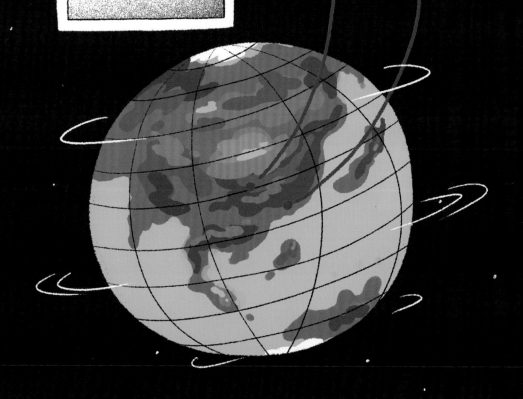

选择在赤道附近发射，借助地球自转的速度，会给火箭的起飞带来帮助。

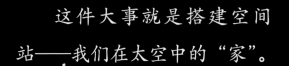

这件大事就是搭建空间
站——我们在太空中的"家"。

"胖五"大号整流罩里装
的就是这个大家伙——空间站
的天和核心舱。

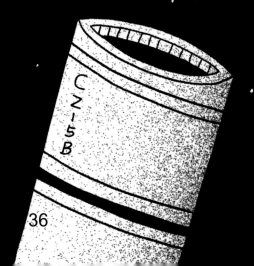

不久之后，戴有逃逸塔"帽子"的长征二号Ｆ火箭再次将载有航天员的神舟飞船送入太空轨道。

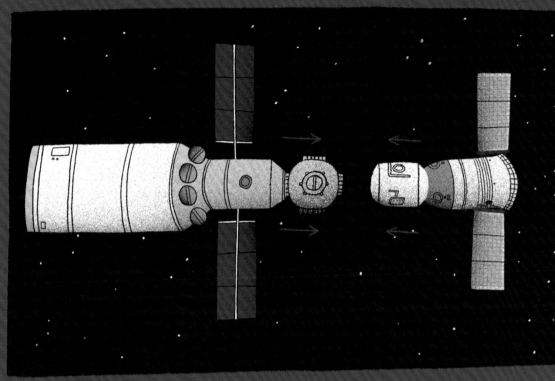

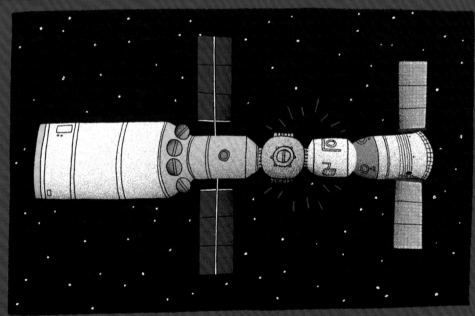

　　空间站的"组装"开始了，在同一个太空轨道上，天和核心舱与载人神舟飞船实施对接。

对接成功后，神舟飞船里的航天员就能进入天和核心舱了。

空间站的"组装"还在继续进行。

长征七号火箭是专门运送货运飞船的。瞧，名为"天舟"的系列货运飞船满载着生活物资和科研设备，与天和核心舱对接。

"我来了！"

瞧，问天实验舱也由"胖五"火箭送上来了。

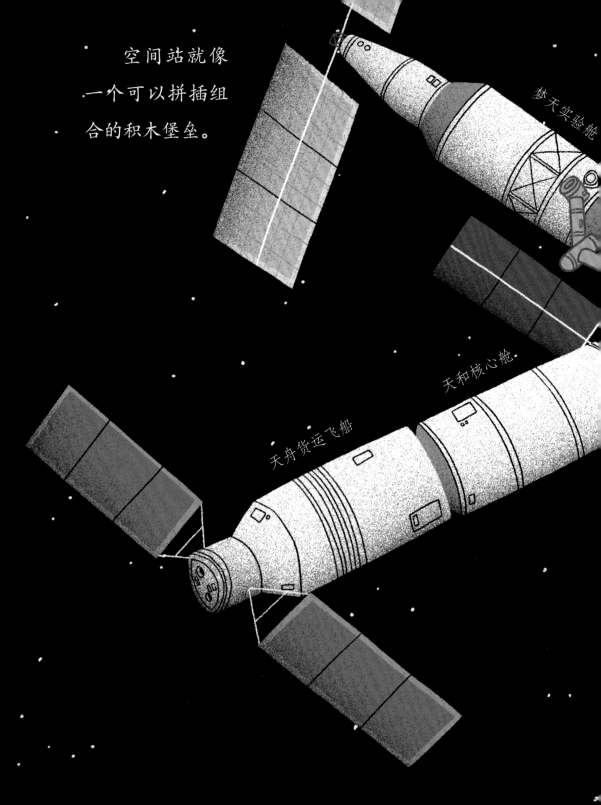

空间站就像
一个可以拼插组
合的积木堡垒。

问天实验舱

天和核心舱

天舟货运飞船

42.

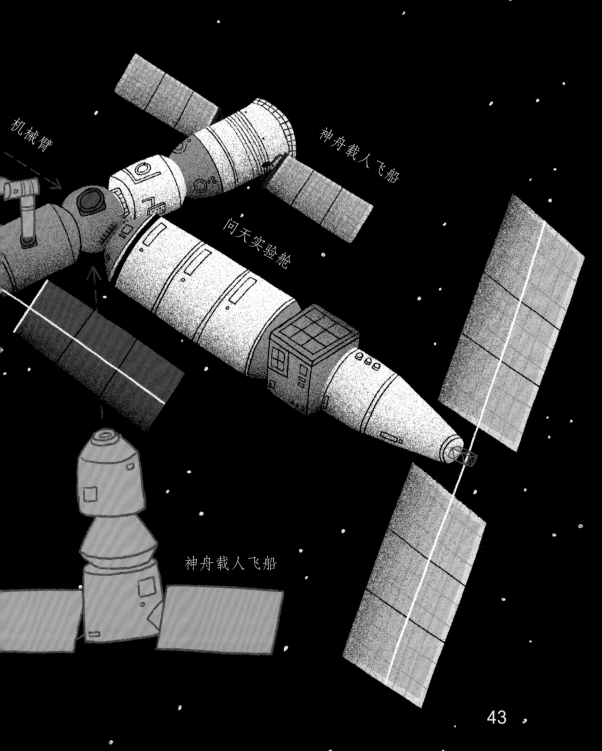

机械臂

神舟载人飞船

问天实验舱

神舟载人飞船

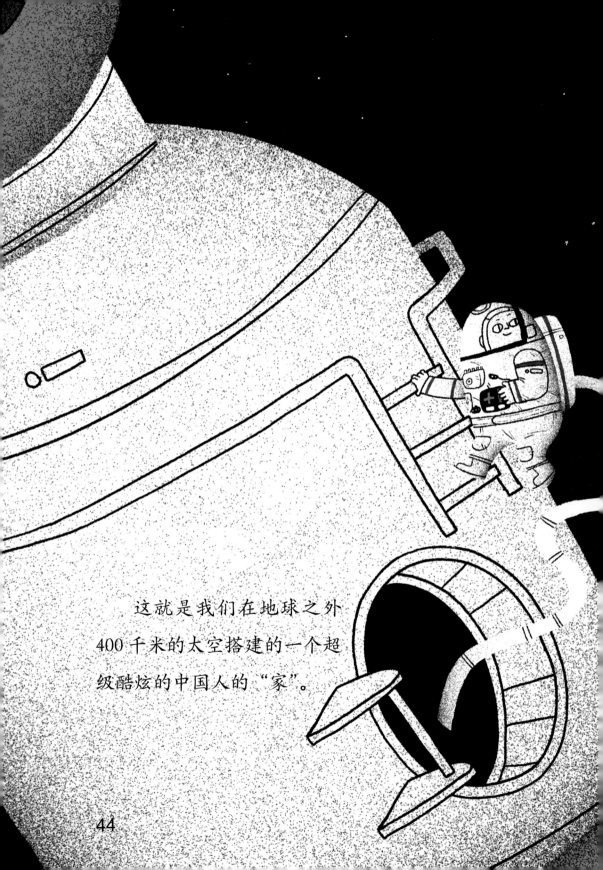

这就是我们在地球之外400千米的太空搭建的一个超级酷炫的中国人的"家"。

44

45

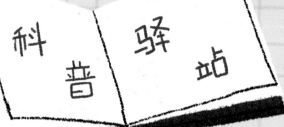

科普驿站

你知道吗？舱内航天服主要用于航天员乘坐返回舱升空和返回地面时穿戴。

舱外航天服才是航天员在太空环境中使用的。瞧，它的穿戴方式是从后面背包里的"门"钻进去。

压力调节器

压力表

通信工具

通风机

舱内航天服，质量轻，仅有10千克，造价约10万元人民币。

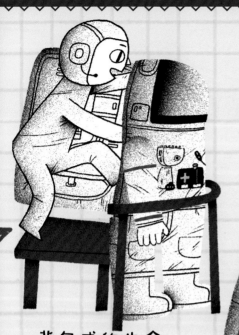

重而不笨、行动灵活，是中国"飞天"舱外航天服的一大特点。在上肢的肩、肘、腕和下肢的膝、踝等处，使用了气密轴承，使航天员行动更灵活。

电控台、压力表等多个开关

背包式的生命保障系统，可为航天员舱外活动提供至少4小时的生命安全保障。

供气插座

供氧、调温等多个阀门

电脐带，既可用于通信，又可用于安全绳的备份。

安全绳

舱外航天服，总质量为120千克，造价约3000万元人民币。

# 火箭课堂

## 空间站"三勇士"

长征二号 F 是专门用于发射载人飞船的，它戴有"帽子"——逃逸塔。

长征七号是专门用于发射空间站货运飞船的。

CZ-2F

CZ-7

CZ-5B

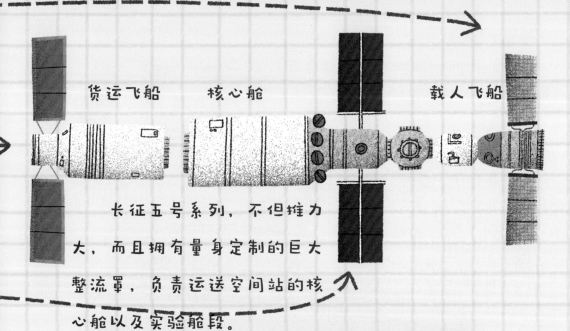

货运飞船　核心舱　载人飞船

长征五号系列，不但推力大，而且拥有量身定制的巨大整流罩，负责运送空间站的核心舱以及实验舱段。

让我们近距离看一下在整流罩中的载人飞船。

你能看出这是用的哪种型号的火箭吗？

后记——我和火箭的故事三

1989年

我18岁

哈尔滨工业大学

航天学院

军训

冰面足球

爸爸 妈妈：
你们好！
昨天写过了一封

上大学就想离家远远的……

听说这里的冬天贼冷，有我
没见过的冰灯和冰雕。

我在这里度过了4年热火朝天
的大学生活，不仅学习了有关火箭
的专业知识，还练就了夹杂漫画的
写信方式。